Dieter Mende
EEZ Energie Energiewirtschaft Zukunftsenergien

Den sirenenhaften Gesängen
und den Märchen
der Vollelektrifizierung widerstehen.

Die zukunftsfähige Energiewende koppelt
die Sektoren elektrischer Strom mit der Wärme,
mit den Gase-Produkten und mit den Kraftstoffen.
Der Wasserstoff ist die Klammer mit Power-to-X.

Den sirenenhaften Gesängen widerstehen,
die Energiewende mit dem Wasserstoff,
die Herausforderungen und deren Umsetzung,
Energie-Lobby versus Energiewende,
die Aussichten.

Wenn Ihnen jemand sagt, Sie/Er könne Ihnen innerhalb von wenigen Minuten die Energiewende erklären, dann sollten Sie äußerst skeptisch sein.

EU-/Bundes-/Landesweit denken und vor Ort handeln ist kein Widerspruch, sondern vielmehr dynamische Energiepolitik.

Dieter Mende

Dieter Mende
EEZ Energie Energiewirtschaft Zukunftsenergien

Den sirenenhaften Gesängen und den Märchen der Vollelektrifizierung widerstehen.

Die zukunftsfähige Energiewende koppelt die Sektoren elektrischer Strom mit der Wärme, mit den Gase-Produkten und mit den Kraftstoffen. Der Wasserstoff ist die Klammer mit Power-to-X.

Den sirenenhaften Gesängen widerstehen,
die Energiewende mit dem Wasserstoff,
die Herausforderungen und deren Umsetzung,
Energie-Lobby versus Energiewende,
die Aussichten.

Impressum

© 2024 **Dieter Mende**, EEZ Energie Energiewirtschaft Zukunftsenergien
www.eez-mende.de

weitere Mitwirkende:

Antje Mende, LIKES Layout – Impuls – Konzept – Entwurf – Style;
Moderne Medien-, Text- und Bildberatung

Herstellung und Verlag: BoD – Books on Demand, Norderstedt

ISBN: 978-3-7583-2744-5

Inhaltsverzeichnis

Prolog

Die Energiewende verstehen

Die Energiewende ist sehr viel mehr, als nur die zunehmende Nutzung der Erneuerbaren Energien!
Die Energiewende ist auch ein global boomender Jobmotor.

Bild:
Kupferplatte BRD; selbst wenn das elektrische Netz zu Heute um das 100-fache vergrößert würde, könnten trotzdem, zum Schutz vor der Überlast der Netze, immer nur soviel elektrische Energie in die Netze eingespeist werden, wie zeitgleich, an anderer Stelle aus dem Netz elektrische Energie entnommen wird. Ohne Speicher bleiben wir bei dem Abregeln der erzeugenden Anlagen, wie die Windenergieanlagen, womit bereits heute grundsätzlich erzeugbare elektrische Energie verloren geht, womit wir auch in der Zukunft bei den höheren Kosten für die elektrische Energie bleiben, weil den Betreibern der erzeugenden Anlagen, wie die Windenergieanlagen, eine finanzielle Entschädigung zusteht für das Abregeln. Bitte lassen Sie sich nicht verunsichern; Dieter Mende, EEZ Energie Energiewirtschaft Zukunftsenergien.

Der Erfolg der Energiewende hängt somit entscheidend ab von dem Beginn und von dem Tempo der Umsetzung der definierten Ziele, was die Entschlossenheit und was auch die regionale Identität mit den Handlungsfeldern erfordert.

Es gibt ein altes Sprichwort:
„Wer auf den Schultern eines Riesen sitzt, hat es leicht neue Horizonte zu erblicken."

Auch die Region Emscher-Lippe im nördlichen Ruhrgebiet hat die Schließungen der Zechen hart getroffen mit dem daraus resultierenden Strukturwandel.
Die Region Emscher-Lippe hat nicht nach einem Riesen rufen können, der die Region schultert und die Region voranträgt zu neuen Zielen; die Herausforderungen für die Region sind auch heute noch zahlreich.
Der regionale Nukleus h2herten mit der Erweiterung in die überregionalen Engagements mit dem h2-ntzwerk-ruhr ist beispielhaft.

Wenn die Energiewende in der anspruchsvollen und in der bevölkerungsreichen Region Emscher Lippe gelingt, dann kann die Energiewende überall gelingen!
Der Klimawandel ist bereits jetzt deutlich sichtbar und die Folgen kommen schneller als befürchtet.

Eines der drei Wörter des Jahres 2019 ist Klimajugend!

Soll die Energiewende gelingen, ist der Ausbau der regenerativ erzeugten Energien alternativlos. Sollen die gesetzten Ziele mit Blick auf den Ausstieg aus der Kohle gelingen, muss die Politik darauf achten, dass die konträr zueinander wirkenden politischen Beschlüsse umgehend im Sinne des Gelingens der Energiewende geändert werden. Diese aktuell vorherrschenden Unstimmigkeiten sind Gegenstand der mahnenden Menschen in der EU.

Den Menschen in der EU ist nicht erst mit den neuesten Klimaentwicklungen bekannt und bewusst, dass auch der Weltfrieden unmittelbar abhängig ist von dem Erfolg der Energiewende. Besonders stark treffen die Auswirkungen des Klimawandels die Menschen in den ärmeren Ländern, wie auch die Menschen in Afrika.

Wenn sich die Lebensbedingungen der Ärmsten immer weiter verschlechtern und sich die Menschen auf den Weg machen in die gemäßigteren Zonen der Erde, hat das einen erheblichen Einfluss auf den Weltfrieden.

Den Menschen in der EU sind die konträren Äußerungen zu den Klimaberichten von denjenigen, welche vor dem Hintergrund deren Lobbyarbeit pro fossilen Energieträger bemüht sind, schon länger nicht mehr nachvollziehbar und jetzt auch nicht mehr akzeptiert; das Ausbremsen der Energiewende hatte bereits einen großen Einfluss auf den Ausgang der Bundestagswahl 2021 und wird zunehmend einen Einfluss haben auf den Ausgang der Wahlen in der EU.

Diejenigen, die mit gut bezahlter Lobbyarbeit für die aktuelle Kohlepolitik agieren mit bewusst unvollständigen Impulsen, mit dem Ziel der Verunsicherung in der Bevölkerung, stehen spätestens jetzt mit Blick auf die aktuellen Klimaberichte vor der Entscheidung, ob deren Agieren vertretbar ist, ob die Gier nach Reichtum durch die Lobbyarbeit höher gewichtet wird, als die Verantwortung für die kommenden Generationen.

Dass auch Versicherungsgesellschaften investieren in die Technologien und in die Infrastruktur der Energiewende, ist begründet in der Vermeidung steigender Schadenaufkommen, wie durch extremere Wetter; ausgelöst durch den Klimawandel.

Bürgerwindgenossenschaften sind ein Beispiel dafür, dass sich die Energiewende in Verbindung mit der Bürgerbeteiligung nicht nur positiv auswirkt auf die Reduzierung des Klimawandels, dass sich damit auch eine sehr interessante Geldanlagemöglichkeit für die Menschen ergibt, in welcher jede*r für sich selbst entscheiden kann, wieviel Geld eingebracht werden soll in die Bürgerbeteiligung.
Die Energiewende ist global ein Jobmotor geworden, auch mit dem Technologie-Know-how, dem Infrastruktur-Know-how, dem Energie-Know-how, dem Speicher-Know-how aus Deutschland.

Antonio Guterres (UN-Generalsekretär) war mit Blick auf die Ergebnisse des Weltklimaberichts vom August 2021 veranlasst, die Politik zu raschem Handeln aufzufordern.

Svenja Schulze (Bundesumweltministerin; SPD) warnt mit Blick auf die Ergebnisse des Weltklimaberichts vom August 2021 mit den Worten:
"Der Planet schwebt in Lebensgefahr".

„Den sirenenhaften Gesängen der Vollelektrifizierung widerstehen"

Dieses Buch hat eine weit gefächerte Zielgruppe:
+   an der Energiewende interessierte Bürger*innen,
+   Schüler*innen und Lehrer*innen,
+   Entscheidungsträger*innen der Städte,
+   Entscheidungsträger*innen in der Politik,
+   Orientierung, Impulse suchende Unternehmer*innen,
+   Entwickler*innen,
+   Ingenieure*innen,
+   Unternehmer*innen,
+   Gründer*innen.

Den "sirenenhaften Gesängen" und den Märchen der Vollelektrifizierung widerstehen

Aus der griechischen Mythologie ist der Name Odysseus bekannt. Von seinem Vater hatte Odysseus die Herrschaft über Ithaka bekommen. Im Verlauf einer seiner Reisen hat Odysseus die Insel der Sirenen passiert und kannte die Gefahr, dass jeder Mann, der den Verlockungen des lieblichen Gesangs der Sirenen erliegt und deren Insel ansteuert, verloren war und starb. Mit dem Kennen um diese Gefahr hat Odysseus seinen Reisegefährten mit Wachs die Ohren verklebt und hat sich selbst an den Schiffsmast binden lassen; somit konnte Odysseus mit seinen Reisegefährten die Reise in die Heimat nach Ithaka gefahrlos beenden.

Auch mit Blick auf die Herausforderungen der Energiewende gibt es verlockende Sirenengesänge der Lobby, die mit nicht selten bewusst unvollständigen Beiträgen locken wollen in deren Marktpositionen.

Ganz sicher sollen sich die Menschen mit Blick auf die Energiewende nicht die Ohren verschließen.
Jedoch ist Aufmerksamkeit geboten, wenn auf die vielen komplexen Tangenten der Energiewende Versprechungen formuliert werden mit trivial klingenden Antworten.

Es ist viel Aufmerksamkeit geboten, wenn auf die vielen komplexen Tangenten der Energiewende schnelle Erfolge prognostiziert werden.

Diese Energiewende ist nicht die erste Energiewende.

Mit der ersten Energiewende, von dem Verbrennen des Holzes, hin zu dem Verbrennen der Kohle, wurden Ängste erzeugt, wurde behauptet, dass Deutschland mit dieser Wende der wirtschaftliche Untergang bevorstehen würde, weil es aus statischen Gründen angeblich gar nicht möglich sei, dem Untergrund derart viel Kohle zu entnehmen, so dass es in der BRD genügend Brennstoff geben kann. Es wurde auch behauptet, dass der massive Abbau der Kohle sogar auf die Tektonik der europäischen Erdplatte großen Einfluss nehmen kann, bis hin zu schwersten Erdbeben oder bis hin zu Vulkanismus in Europa. Die bewussten Falschmeldungen waren das Ergebnis der Lobbyarbeit der Holzwirtschaft.

Mit der zweiten Energiewende, von dem Verbrennen der Kohle, hin zu dem Verbrennen des Erdgases, wurden wieder Ängste erzeugt, wurde wieder behauptet, dass Deutschland mit dieser Wende der wirtschaftliche Untergang bevorstehen würde, weil es aus technischen Gründen angeblich gar nicht möglich sei, ein derart großes Gasvolumen, über eine derart große Strecke, mit gleichem Druck anzubieten, so dass es in der BRD genügend Brennstoff geben kann.
Die bewussten Falschmeldungen waren das Ergebnis der Lobbyarbeit der Kohlewirtschaft.

Mit der aktuellen Energiewende werden seitens der Lobby pro fossile Energieträger wieder Ängste erzeugt, wird wieder behauptet, dass Deutschland mit dieser Wende der wirtschaftliche Untergang bevorstehen würde. Angeblich wären Stromausfälle die unvermeidbare Folge.

Die Energiewende ist nicht trivial!

Da die Lobby pro fossilen Energieträger nicht mehr Stand halten kann in den vollständigen Energiewendebetrachtungen, beginnend bei der Energieerzeugung, bis hin zu den Energie-Anwendungen, ist die Lobby pro fossilen Energieträger zur Verzerrung der Energiewende übergangen mit dem Ziel der Verunsicherung durch bewusst unvollständige, bis hin zu bewusst falschen Aussagen, mit der Gegenüberstellung der eigentlich einander ergänzenden Potenziale.

Wer nur die Physik mit den Wirkungsgraden betrachtet, kann nicht wirklich beitragen zu den globalen Herausforderungen der Energiewende. Wer nur die Physik mit den Wirkungsgraden zulässt in der Gesamtbetrachtung, die/der muss sich fragen lassen, warum die Menschen ein Auto mit Verbrennungsmotor fahren, obwohl mit dem Blick auf den Wirkungsgrad von der ursprünglich eingesetzten Energie nur bei 27% ankommt an den Reifen auf der Straße.

Die Gegner der Energiewende ignorieren dabei hartnäckig, dass mit dem Blick auf das Ziel die regenerative Energieerzeugung im Terawatt-Bereich zum Schutz der Netze vor Überlast, abgeregelt wird; das ist grundsätzlich erzeugbare elektrische Energie, die unwiderruflich verloren geht durch das Abregeln der erzeugenden Anlagen. Somit ist das Speichern der grundsätzlich erzeugbaren elektrischen Energie wichtig und richtig.

Mit dem Speichern der elektrischen Energie, alternativ zum Abregeln der erzeugenden Anlagen, sind wir AUCH beim Wasserstoff, aber dem stellen die Gegner der Energiewende mit der Physik den Wirkungsgrad in den Weg.

Nicht allein mit der physikalischen Betrachtung, sondern auch mit der wirtschaftlichen Betrachtung, mit dem Ziel der Senkung der Energiekosten, ist die Wasserstofferzeugung als Alternative zum Abregeln eine Wertschöpfung.

Denn das Abregeln bedeutet:
+ anteilige Anlagenkosten trotz des Abregelns,
+ Ausgleichszahlungen an die Betreiber für das Abregeln der Anlagen,
= NULL Energieerzeugung

Dem gegenüber steht mit der Wasserstofferzeugung:
+ die anteiligen Anlagenkosten sind gleichbleibend,
+ KEINE Ausgleichszahlungen an die Betreiber für das Abregeln der Anlagen,
= DAFÜR aber die Kostenreduzierung der Energieerzeugung durch die ergänzende Wertschöpfung.

Die Gegner der Energiewende stellen mit dem Ziel der Verunsicherung das Speichern der elektrischen Energie in den Wettbewerb zu dem Wasserstoff, wobei mit dem Blick auf die Entwicklung der Batterietechnologien die Zukunftspotenziale in Anspruch genommen werden, wobei aber den Wasserstofftechnologien die Zukunftspotenziale nicht zugestanden werden.

Die Ergebnisse der Studien zu den Fragen der Energiewende, mit der ganzheitlichen Betrachtung, zeigen, dass die
Kopplung der Sektoren elektrische Energie mit den Gase-
Produkten, mit den Kraftstoff-Produkten und mit der Wärme
das Maximum auslöst, für die technischen Potenziale.
Die Ergebnisse der Studien zu den Fragen der Energiewende, mit ganzheitlicher Betrachtung, zeigen auch, dass
die Energiewirtschaft gar nicht auf den Kopf gestellt wird,
sondern dass vielmehr die sehr vielen Erweiterungs-
potenziale die angestrebten Ergebnisse der Energiewende
optimieren.

Wenn entgegen der Ergebnisse mit Blick auf die Sektoren-
kopplung trotzdem noch kein einheitliches Verständnis
entstehen will für den Weg in die Energiewende, dann sind
die Gründe dafür zu finden in der erkennbar unvollständigen Lobbyarbeit der einzelnen Energiepfade.

Die Vorstellung über die Konsequenzen einer Vollelektrifizierung ist bewusst nicht kommuniziert, denn, will die
Energiewirtschaft die Wärme erzeugen mit dem elektrischen Strom, dann wäre der Mehrbedarf an dem
elektrischen Strom enorm hoch.

Dies zudem in einer Situation, in der wir feststellen müssen,
dass wir mit den bisher avisierten Anlagen zur Erzeugung
des regenerativ erzeugten Stroms noch lange nicht die
Herausforderungen lösen können, mit dem Blick auf den
Ausstieg aus der Atom- und der Kohleenergie.

Der Gesang der Sirenen pro Vollelektrifizierung lockt mit der einfachen und auch bequem klingenden Behauptung: man muss nur genügend regenerativ erzeugten Strom vorhalten können und alle Energiefragen sind gelöst; dies bis hin zur Mobilität.

Aber, selbst dann, wenn das elektrische Netz ausgebaut wird bis hin auf das Hundertfache, müssten die den elektrischen Strom erzeugenden Anlagen immer noch abgeregelt werden zum Schutz der Netze vor der Überlast, weil in das elektrische Netz immer nur soviel elektrische Energie eingespeist werden kann, wie zeitgleich an anderer Stelle elektrische Energie dem Netz entnommen wird.

Der Ausbau der regenerativen Erzeugung des elektrischen Stroms ermöglicht das Absenken der CO_2-Emissionen und das anvisierte Ziel der Reduzierung der Auswirkungen des Klimawandels wird erreichbar.
Das klingt zunächst einfach und stimmig; verschwiegen werden jedoch:
+   die enormen Kosten für die massive Netzerweiterung,
+   dass zudem trotzdem elektrische Speicher nötig sind
       zur Kostenreduzierung,
+   denn jede einzelne, vor Ort erzeugte Kilowattstunde
       elektrische Energie ist ein wertvoller Beitrag für die
       Reduzierung der Energiekosten.

Mit dem Blick auf das daraus entstehende Szenario, nur mit dem Blick auf den massiven Netzausbau, ist der Begriff "Kupferplatte Deutschland" entstanden; ein Begriff, der die absehbaren enorm hohen Kosten darstellt.

Verschwiegen werden die enormen Energiemengen im Terawattbereich, welche erzeugt werden sollen mit den avisierten Windenergieanlagen, welche dann durch welche technische Lösung gespeichert werden?
Im Gigawattbereich bis hin zum Terawattbereich müssen wir uns tatsächlich nicht mehr allein über das Speichern mit den Batterien unterhalten.

Batterien und Wasserstoff ergänzen einander:
+	lokale Energiespeicherung mit den Batterien,
+	regionale Energiespeicherung mit den Batterien und mit dem Wasserstoff,
+	Quartierslösungen, z.B. Wohnblocks oder Gewerbe-Bereiche, mit den Batterien und auch mit dem Wasserstoff,
+	überregionale Energiespeicherung mit Wasserstoff,
+	nationale Energiespeicherung mit Wasserstoff,
+	internationale Energiespeicherung mit Wasserstoff,
+	internationaler Energietransport mit Wasserstoff.

Da der Weg der Energiewende auch der Weg ist weg von den stoffgebundenen Energieträgern (Energie gebunden in der Kohle, in dem Erdöl, in dem Erdgas) hin zu regenerativ erzeugten Energien, welche strombasiert sind, ist der Wasserstoff mit genauer Betrachtung nicht nur klassisch ein Energiespeicher, sondern vielmehr auch ein Energieträger, welcher als verbindendes Element die Sektorenkopplung ermöglicht und eine Vielzahl von technischen Möglichkeiten auslöst, welche als Sammelbegriff die Bezeichnung Power-to-X bekommen haben.

Power-to-X beinhaltet z.B. die Potenziale:

+ Power-to-Gas,
+ Power-to-Heat,
+ Power-to-Liquides,
+ Power-to-Chemicals,
+ Power-to-Fuels.

Landwirte werden zunehmend auch Energiewirte.

Power-to-X beinhaltet mit den zunehmenden Problemen, ausgelöst durch den Klimawandel, auch das Potenzial:

+ Power-to-Agrar.

Die Globalisierung hat den Onlinehandel erweitert.

Power-to-X beinhaltet mit den zunehmenden Problemen, ausgelöst durch den Klimawandel, auch das Potenzial:

+ Power-to-LML Last Mile Logistik.

Der Klimawandel und das nötige Trinkwasser.

Power-to-X beinhaltet mit den zunehmenden Problemen:

+ Power-to-RDW recovery of drinking-water.

Bilder:
Wasserstoff-Anwenderzentrum h2herten mit der Wasserstoff-Tankstelle;
Dieter Mende, EEZ Energie Energiewirtschaft Zukunftsenergien

Bild:
Der "weiße Turm", der Druckspeicher am H2-Anwenderzentrum h2herten;
Dieter Mende, EEZ Energie Energiewirtschaft Zukunftsenergien

Wer mag investieren in eine Zukunft mit einer sehr großen Verunsicherung?
Wer mag investieren in die Energiewende?

Welcher Teil der Bevölkerung in der BRD soll investieren mögen in die Umsetzung der Energiewende, wenn bewusst verunsichernde Aussagen über die zuvor benannten Treiber zur Umsetzung der Energiewende verbreitet werden?

Die Treiber zur Umsetzung der Energiewende sind bekannt mit:
+ dem Ausbau der Erzeugung regenerativer Energien,
+ zeitgleich die Verringerung der fossilen Brennstoffe.
+ Energienetze werden flexibel mit der Sektoren-kopplung elektrischer Strom, Wärme, Gase-Produkte, Kraftstoff-Produkte,
+ durch den die Sektoren koppelnden Energieträger Wasserstoff.
+ Die Erhöhung der Energieeffizienz,
+ zeitgleich die Entwicklung von Komponenten und von Geräten mit geringerem Energieverbrauch.

Mit Blick auf diese Punkte entsteht große Verwunderung, warum diese Erfolge versprechenden Treiber einer zukunftsfähigen Infrastruktur in der Energiewende noch nicht geführt haben in die Umsetzung.

Nicht nur die Protest-Bewegung Fridays-For-Future hatte den damaligen Bundeswirtschaftsminister Peter Altmaier ausgemacht als Motor einer knallharten Lobby-Politik.

Wird die deutsche Wirtschaft überholt mit dem Blick auf den Jobmotor Energiewende? Es wäre nicht das erste Mal.

Die Hybrid-Technologie wurde in Deutschland entwickelt, wurde von der deutschen Industrie (bewusst?) völlig falsch bewertet und erst ab dem Zeitpunkt integriert in die Systeme, nachdem die Märkte in Asien mit der Hybrid-Technologie vorangegangen sind.

Erst dann, wenn für die Menschen die Aussagen zur Energiewende sichtbar werden mit deren Umsetzungen durch die Industrie und die Wirtschaft, Umsetzungen, welche das Erreichen der Klimaziele ermöglichen, kann das Vertrauen der Menschen folgen.

Der Markthochlauf der Zukunftsenergien, zu denen auch der Wasserstoff gehört, wird erfolgreich sein mit der Wiedererkennung in der ganzheitlichen Betrachtung; flankiert durch ein pro-aktives Energiewendemarketing. Wie wichtig ein pro-aktives Marketing ist, zeigt sich an den Erdgasfahrzeugen.

Das Marketing für Erdgasfahrzeuge ist nicht einfach nur schlecht gewesen, es hat gar kein erkennbares Marketing für Erdgasfahrzeuge gegeben. Die Erdgasfahrzeuge sollten als Brückentechnologie der erste Schritt sein in die Energieeffizienz, entwickelt von der Automobilindustrie zur Technologieverfestigung der Verbrennermotoren in den Märkten.

Vernachlässigt wurde das Erklären der Absichten und der Ziele, so dass die Intention dahinter nicht verstanden werden konnte.

Zugleich waren die berechtigten Zweifel an dem Konzept der Erdgasfahrzeuge zu keiner Zeit beantwortet worden seitens der Automobilindustrie, so dass keine Akzeptanz entstehen konnte.

Noch nie, das gilt nicht nur für Deutschland, haben sich Markttendenzen ergeben allein heraus aus den technischen Entwicklungen. Immer hat es mit Blick auf erfolgreiche Märkte zu Beginn eine Akzeptanzbildung gegeben; sei es aus einem Mainstream heraus, sei es aus einer Notwendigkeit heraus.

Ohne Akzeptanzbildung durch ein geeignetes Marketing sind die Potenziale zu keiner Zeit aus den Nischenmärkten herausgekommen.

Mit Blick auf die Energiewende verhält es sich umgekehrt. Hier gibt es seitens der Menschen nicht nur in Europa eine sehr hohe Akzeptanz; in diesem Fall ausgelöst durch die umweltpolitische Notwendigkeit. Hier sind es die Industrie, die Wirtschaft, welche die Chancen bisher nicht konsequent umgesetzt haben.

Es war jedoch immer schon so, dass eine erfolgreiche Industrie und Wirtschaft rechtzeitig die Zukunftschancen integriert hat in die aktuellen Felder der Märkte.

Es können somit nicht allein fehlende konsequente Vorgaben seitens der Politik sein, wie von der Industrie und der Wirtschaft oft bemängelt, dass die Umsetzung der nötigen Schritte in die Energiewende nicht erfolgt sind.

Diese widersprüchlichen Aussagen seitens der Industrie und Wirtschaft sowie seitens der Politik haben die Umweltverbände schon seit vielen Jahren angemerkt; begegnet ist die Industrie, ist die Wirtschaft dem aber nicht mit einer erklärenden Position, was ein Miteinander ermöglicht hätte im Sinne der Umsetzung der Klimaziele. Begegnet ist die Industrie, ist die Wirtschaft den Aussagen seitens der Umweltverbände mit der Beauftragung von Studien, welche in deren Ausgangsformulierung nicht selten den Zweck verfolgt haben, dass die Ergebnisse der Studien mit deren unvollständigen Betrachtungen der Zusammenhänge eine Verunsicherung auslösen soll bei den Menschen.

Mit Blick auf diese erkennbaren Zusammenhänge, welche der Energiewende nicht die notwendigen Rahmenbedingungen ermöglichen, wird deutlich, dass im Verlauf des Wahlkampfes zur Bundestagswahl 2021 die Menschen den Ausführungen derer, die 2021 für die Energiewende politisch zuständig waren, nicht mehr folgen wollten.
Das Wirtschaftsministerium, geführt von der CDU, hatte erkennbar agiert gegen die formulierten Ziele des Umweltministeriums, geführt von der SPD,
Ja, die Energiewende ist nicht trivial, das haben die Menschen in Deutschland erkannt. Umso mehr schauen viele Menschen sehr genau, wem sie die drängenden Umsetzungen für das Erreichen der Klimaziele anvertrauen.
Mit Blick auf die Auswirkungen des Klimawandels, sowie mit Blick auf die Umweltprobleme gibt es für die Menschen in Deutschland keinen erklärbaren Grund für eine weitere zögerliche Umsetzung der Energiewende.

Die Steinzeit ging nicht zu Ende, weil es keine Steine mehr gab und der Einstieg in die Wasserstoffindustrie kommt nicht erst, wenn es kein Öl mehr gibt.

Bei der Umstellung der Energieversorgung hin zu einer Wasserstoffenergiewirtschaft wird oft von einem Zeitraum von ca. 50 Jahren gesprochen; als Erfahrungswert wird die Umstellung von der Kohle auf das Erdöl mit dem Erdgas herangezogen. Man darf dabei aber nicht übersehen, dass, wenn die Industrie von einer Umstellung spricht, von folgender Situation ausgegangen wird:
+	Versorgungssicherheit zu jedem Zeitpunkt an
	möglichst jedem Ort
+	Eine flächendeckende Infrastruktur:
	+	dem Lieferanten stehen ausreichend Vertriebs-
		möglichkeiten zur Verfügung,
	+	der Kunde kann an jedem Ort zwischen den
		Produkten wählen,
+	ein wirtschaftlicher Energiepreis.

Der wohl alles entscheidende Aspekt unserer Abhängigkeit von den fossilen Energieträgern:
Ab welchem Zeitpunkt, unter Berücksichtigung verschiedener Verbrauchsentwicklungen, die Produktion der fossilen Energieträger den Energiebedarf nicht mehr decken kann.

Oft unterschätz wird der Energiebedarf in Deutschland mit dem Blick auf die Wärme; in der BRD werden mehr als 50% des Energieverbrauchs für die Erzeugung von Wärme genutzt.

Auch mit dem Blick auf die Wärme kann der Energieträger Wasserstoff mit Power-to-Heat technische Lösungen bieten; vermutlich nicht, wie beim Erdgas in jedem Haus, aber in den Quartierslösungen.

Eine zukunftsfähige Energieversorgung mit der wichtigen Versorgungssicherheit baut darauf, dass frühzeitig neue Technikoptionen marktreif und zugleich wirtschaftlich sowie umweltfreundlich zur Verfügung stehen; dies mit dem Ziel der Klimaneutralität.

Nach der vermehrten Stilllegung von Bergwerken ist das Interesse an dem Grubengas als mögliche zusätzliche Energie-quelle ständig gewachsen. Auch nach der Beendigung des Bergbaus entweicht aus alten Bergwerken mehr als 120 Mio. Normkubikmeter (Nm^3) Grubengas pro Jahr ungenutzt in die Atmosphäre.

Der hieraus folgende Gasdruckabfall führt wiederum zu der Freisetzung des adsorptiv gebundenen Gases.

Dieser Effekt ist mit einer Sektflasche vergleichbar, bei der, ist einmal der Korken entfernt, die Kohlensäure solange perlt, bis keine mehr vorhanden ist.

Bundesweit werden in Bergwerken 1,5 bis 1,7 Mrd. Nm^3 Grubengas pro Jahr freigesetzt.

Der Methan-Gehalt (CH_4) des Grubengases beträgt ca. 70%. Der Vergleich der in der BRD klimarelevanten Emissionen macht deutlich, dass die Nutzung des Grubengases auch als Brückentechnologie, als Speicher für den Wasserstoff, wichtig werden kann.

Die Bundesstatistik über klimarelevante Emissionen in der BRD pro Jahr:

+ Bergbau: 568.359 [t/a] CH_4
+ Nutztierhaltung: 22.300 [t/a] CH_4
+ Abfalldeponie: 183.295 [t/a] CH_4
+ Abwasserreinigung: 107.280 [t/a] CH_4

Egal, ob die Abschaltung von Kraftwerken politisch motiviert ist, oder ob die Abschaltung von Kraftwerken alterungsbedingt erfolgen soll, die bestehende Infrastruktur mit dem Blick auf die Netze und auf die Gebäude hat sehr viel Zukunftspotenzial.
Eine reelle Chance für die Brennstoffzelle in Kraftwerken findet sich mit dem Blick auf Brennstoffzellentypen mit einer sehr hohen Betriebstemperatur (Hot-Module), da somit auch die Kunden der Nahwärme weiter beliefert werden können.

Allein die vier größten japanischen Automobilunternehmen investieren pro Jahr 700 Millionen Euro eigene Mittel in die Serienreife der Brennstoffzellenantriebe.

Hier schließt sich ein sehr wichtiger Kreis; wir kommen auf das Thema Humankapital.

Das Humankapital

Die für die Produktionsbetriebe nötigen Facharbeiter*innen
sind in Deutschland durch den starken Rückgang der
Kohle-Schwerindustrie auf dem Arbeitsmarkt verfügbar.
Die aktuelle Herausforderung der Wirtschaft besteht in der
Bereitstellung geeigneter Ausbildungsplätze und in der
geeigneten Um- und Weiterbildung der Mitarbeiter*innen.

Ein Erfolg der deutschen Industrie in dem internationalen
Wettbewerb hängt ganz entscheidend ab von dem Beginn
und von dem Tempo der Transformationsprozesse in allen
betrieblichen Strukturen, was den Kooperationswillen und
die Umformung der betrieblichen Weiterbildung voraussetzt.

Noch vor zwanzig Jahren waren Skepsis und die zögerliche
Haltung der Industrie gegenüber den Wasserstofftechnologien mit fehlender Risiko- oder Innovationsbereitschaft
benannt worden. Allenfalls der Umweltschutz und eine
angestrebte Etablierung der eigenen Technologien im
Potenzialraster der einsetzenden Diskussion zur Energiewende, haben Unternehmen veranlasst, eine Beteiligung
einzugehen an ersten Pilotprojekten.
Heute ist der Wettbewerb in dem Potenzialraster der
Energiewende nicht mehr nur eine Strategie, es gilt die
Sicherung der Zukunftsfähigkeit der Unternehmen mit Blick
auf deren Produkte, mit Blick auf deren Dienstleistungen.
Ausgelassene Chancen in der Übergangszeit hätten den
Weg in die Wirtschaft mit dem Energieträger Wasserstoff
verkürzen können!

Hier ein signifikantes Beispiel:

Ermittlungen der Hamburger Elektrizitätswerke HEW im Jahr 2007 hatten ergeben, dass mit dem aus primärer und aus sekundärer Kraftwerksregelung gewinnbaren Wasserstoff in der BRD eine Mio. PKW mit Brennstoffzellenantrieb betrieben werden könnten; dies bei der Zugrundelegung, dass die Pkw einen Kraftstoffverbrauch von 10l/100km haben, dass die Pkw eine jährliche Fahrleistung bei ca. 12.500 km haben. Durch die Integration der im Linienverkehr fahrenden Stadtbusse (ca. 7.000 Busse in der BRD), ließen sich noch 3/4 Mio. PKW mit Wasserstoff betreiben. Dies praktisch ohne eine nennenswerte Zunahme der Emissionen bei der Energieerzeugung.

Entscheidend für den Durchbruch neuer Technologien war in der Vergangenheit und ist auch aktuell die Akzeptanz der Märkte.
Heute setzt sich wieder die Produktqualität durch:
+   vorausgesetzt, der Preis ist vertretbar für einen privaten Familienhaushalt,
+   vorausgesetzt, der Betrieb ist im Verhältnis wirtschaftlich.

Der anfangs zögerliche Markteintritt der Handys und Notebooks hatte zu Beginn einen ähnlichen Verlauf, wie der Markteintritt der Brennstoffzellen. Mit der Integration der technischen Möglichkeiten, welche der Energiespeicher Wasserstoff und der Energiewandler Brennstoffzelle bieten, werden die bestehenden Wertschöpfungsketten ergänzt, werden neue Wertschöpfungsketten erschlossen.

Es sind die Wertschöpfungsketten, welche die Handlungs-
felder definieren und nicht umgekehrt; dies gilt zugleich
auch mit dem ganzheitlichen Blick auf die Potenziale der
Energiewende.

Wenn Ihnen jemand sagt, Sie/Er könne Ihnen innerhalb von
wenigen Minuten die Energiewende erklären, dann sollten
Sie äußerst skeptisch sein.
EU-/Bundes-/Landesweit denken und vor Ort handeln ist
kein Widerspruch, sondern vielmehr dynamische
Energiepolitik.

Bild:
**Der Jobmotor Energiewende: das Technologie-Know-how, das Infrastruktur-Know-
how, entstehend mit der Energiewende, ist in Deutschland und ist global gefragt.**
Dieter Mende, EEZ Energie Energiewirtschaft Zukunftsenergien
Bildberatung von Antje Mende, LIKES Layout Impuls Konzept Entwurf Style

Brückentechnologien und Zukunftstechnologien

"Brücken bauen für die Zukunft" ist ein industrieller Ansporn, der bereits mit dem Beginn der Industrialisierung eingesetzt hatte. Die aktuelle Energiewende ist nicht die erste Energiewende in Deutschland.

+ Der Verbrennung des Holzes ist die Verbrennung der Kohle gefolgt.
+ Der Verbrennung der Kohle ist die Verbrennung des Erdöls und des Erdgases gefolgt.
+ Die Verbrennung der Kohle, des Erdöls und des Erdgases wurde erweitert mit der Kern-Energie.
+ Dem anstehenden Ausstieg aus der Verbrennung der Kohle und aus der Kern-Energie mit der zunehmenden Reduzierung der Verbrennung des Erdöls und des Erdgases folgt der zunehmende Ausbau der regenerativen Energieerzeugung z.B. mit dem Wind, mit der Sonne, mit Bio-Gas, mit der Geothermie.
+ Da die aktuelle Energiewende auch der Weg ist von den stoffgebundenen Energien, Energien gebunden in der Kohle, in dem Erdöl, in dem Erdgas, hin zu dem regenerativ erzeugten elektrischen Strom, gilt der Energiespeicherung im Giga-Watt-Bereich mit dem Wasserstoff besondere Aufmerksamkeit.
+ Wasserstoff ist für die Speicherung des regenerativ erzeugten elektrischen Stroms sehr gut geeignet mit der Absicht, dass der regenerativ erzeugte elektrische Strom vorrangig direkt genutzt wird, dass der regenerativ erzeugte elektrische Strom, den unsere Netze nicht aufnehmen können, in Wasserstoff gewandelt wird zur Speicherung.

Mit dem Erscheinen des "Bio-Sprits" an den Tankstellen haben nicht wenige Landwirte bei der EU die Nutzungs-änderung der Anbauflächen, der Felder beantragt.

Dem musste die EU entgegenwirken, so dass seitens der Industrie die Aufforderung gegenüber der EU entstanden ist, dass eine Entscheidung fallen muss, ob die Industrie die Energie-Produkte im Schwerpunkt in die Richtung "Bio-Sprit" fortführen soll, oder ob die Industrie die Energie-Produkte im Schwerpunkt in die Richtung Wasserstoff beginnen soll.

Die Lobby der Verbrennungsmotoren- und der KFZ-Industrie hatte lange Zeit für die Fortführung der Bemühungen in Richtung "Bio-Sprit" geworben; aktuell wirbt die Lobby der Verbrennungsmotoren- und der KFZ-Industrie für die E-Fuels; dies wohl wissend, dass es gar nicht ausreichend Potenzial dafür gibt, dies mit dem Hauptziel, die Energiewende so lange wie möglich auszubremsen, damit die aktuellen Geschäftsfelder die höchst mögliche Gewinnmaximierung erfahren können.

Die Energiewende ist sehr viel mehr, als die zunehmende Nutzung der Erneuerbaren Energien.

Dass die Energiewende eine industriepolitische Plattform ist mit klar formulierten Forderungen sowohl seitens der EU, als auch seitens der Bundes- und Landes-Ministerien, zeigt sich in allen Medien. Die Energiebereitstellung basiert in Deutschland bei erster Betrachtung zugleich auf der Versorgungssicherheit, auf der der Kosteneffizienz und auf der Umweltverträglichkeit.

Bereits in dem Jahr 2008 hatte der EU-Energiekommissar Andris Piebalgs gesagt: "… es ist Zeit für eine europäische Energiepolitik … die Vollendung des Binnenmarktes, des Klimaschutzes und der Versorgungssicherheit, das sind die großen Herausforderungen im Energiebereich, die gemeinsame Lösungen erfordern."

Da die Energiewende auch der Weg von den heutigen stoffgebundenen Energien ist, gebunden in der Kohle, in dem Erdöl und in dem Erdgas, hin zu einer Stromwirtschaft mit dem zunehmend regenerativ erzeugten elektrischen Strom, sind die Energiespeicher unbestritten eine notwendige Komponente der zukunftsfähigen Energieinfrastrukturen, für die Energieversorgungssicherheit, für den Energietransport bis hin zu der Bereitstellung der Energie in dem privaten, in dem gewerblichen und in dem industriellen Sektor.

Die Berichte in den Medien erwecken den ersten Eindruck, dass speziell der Raum um Hamburg sowie der Raum um Stuttgart kennen, wie die Energiewende "funktioniert".
Aber warum haben die innovativen Regionen in NRW mit dem Blick auf die Energiewende nicht die größere Aufmerksamkeit? Dass in NRW viele Menschen Probleme haben mit der Beschreibung der Energiewende, hat durchaus unterschiedlichen Hintergrund.

Oft sind zum einen die zahlreichen Prospekte und Flyer an den Messeständen für nicht wenige Menschen sehr speziell zugeschnitten und einander nicht ergänzend, zum Teil sind die Prospekte und Flyer eher unübersichtlich und die Prospekte und Flyer verunsichern somit eher, als dass sie die Energiewende in NRW im Zusammenhang zeigen.

Zum anderen springt in NRW die Energiewende nicht sogleich als ganzheitlich ins Auge, weil sich die einzelnen Kernkompetenzen regional und in den Kommunen schon deutlich zeigen, weil aber deren Verbünde, Kooperationen und Synergien oft nicht bekannt sind.

Selbst das Bemühen um Informationen der an der Energiewende interessierten Menschen über die gängigen Suchmaschinen im Internet, z.B. mit Google, generiert nicht selten Verunsicherung, weil die Suchenden oft sehr konkret nach Begriffen suchen müssen, was wiederum zahlreiche Vorkenntnisse erfordert.

Die Ursache, dass der Raum um Hamburg sowie der Raum um Stuttgart in den Medien oft erscheinen, liegt in der Tatsache:
+   Hamburg kommuniziert zugleich als Stadt und Staat mit einer Stimme,
+   Stuttgart kommuniziert als regionaler Nukleus mit einer Stimme,
+   in den zahlreichen Regionen des Landes NRW gibt es sehr viele Stimmen, welche nicht unbedingt erkennbar einander ergänzen.

In NRW sind die regionalen Kompetenzen den Menschen bekannt, wie die Beispiele:

+ E-Mobile Stadt Dortmund,
+ Klima/Werk/Stadt/Essen,
+ Solarstadt Gelsenkirchen,
+ Innovation City Bottrop,
+ Wasserstoffstadt Herten,
+ Brennstoffzellenstadt Duisburg,
+ Chemiestadt Marl,
+ Umweltstadt Gladbeck,
+ und viele mehr.

Jedoch wird z.B. nicht die ganzheitliche Metropole Ruhr im Potenzialraster des Landes NRW erkannt auf Augenhöhe mit Hamburg und dem Raum um Stuttgart. Kooperationen, wie z.B. die Kooperation des h2-netzwerks-ruhr mit HyCologne, sind eher nur denjenigen bekannt, welche sich bereits intensiver mit der Energiewende und den Energiespeichern beschäftigt haben.

Eine zukunftsfähige Infrastruktur in der Energiewende ist komplex, chancenreich und auch sehr spannend zugleich.

Mit der Innovation der deutschen Energiewirtschaft haben sich seit dem Jahr 1951 parallel zu der Kohleindustrie auch die konventionellen Energieträger Erdöl und Erdgas in den Energiemärkten etabliert. Die wohl alles entscheidende Rolle eines Energiestandortes, einer Energieregion sind die Fähigkeiten, Energien wirtschaftlich, effizient, ökologisch und nachhaltig zu erzeugen und bereitzustellen; mit bezahlbaren Preisen für die Bevölkerung.

Sowohl ein exzellentes Umfeld mit den Hochschulen und mit den Forschungseinrichtungen, als auch die wirtschaftlich-technische Kompetenz, sind die innovative Basis; mit einer regionalen Wirtschaftsförderung der innovative Motor.
Dies galt in der Vergangenheit für die klassischen Energien und das gilt auch heute für die Erneuerbaren Energien.

Wird die Wertschöpfungskette der Ökostromerzeugung geschlossen durch die geeigneten Energiespeicher, werden diese zusätzlichen Energieerträge aus Sicht der EU und aus Sicht der Landes- und Bundesministerien dazu führen, dass auch in Zukunft die Energie bezahlbar bleibt für die Menschen. Dass diese Weitsicht der EU berechtigt ist, zeigt sich bereits heute. Das Technologie- Know-how und das Infrastruktur-Know-how haben einen global rasant boomenden Job-Motor ausgelöst.

Die politischen Vorgaben für das Jahr 2020 sind nicht weniger anspruchsvoll gewesen, wie die Slogans der Unternehmen: voRWEg gehen ist ein signifikantes Beispiel dafür.

Dass die global agierenden Energieversorger und auch die regionalen, im Verbund agierenden Energieversorger die aktuelle Situation der Energiewende mit "mehr als unglücklich" kommunizieren, erschließt sich bei genauer Betrachtung als gerechtfertigt.
Ein Betrieb in der Privatwirtschaft würde eine Produktions-linie weder fortführen können noch fortführen wollen, wenn im Ergebnis nicht einmal eine schwarze Null erwirtschaftet werden kann.

Warum wird dann von den Energieversorgern erwartet, dass diese ihre Kraftwerke am Netz betreiben, wenn die Einspeisung der regenerativen Energien im Netz Vorrang haben muss für das Führen der Energiewende auf die Erfolgslinie?

Weil die Versorgungssicherheit und die unterbrechungsfreie Bereitstellung von Energie eine unabdingbare Säule sind; sowohl für die Industrie, als auch für die privaten Haushalte. Jedoch unterliegen auch die Energieversorgungsunternehmen im globalen Wettbewerb den Anforderungen an den Märkten und können ohne die wirtschaftlichen Erfolge keinen Bestand haben.

Die Slogans der Unternehmen wie:
+   "Kraft für Neues" (Evonik),
+   "voRWEg gehen" (RWE),
+   "Neue Energie" (E.ON)
sind Programm und Anspruch zugleich gewesen mit dem Start der Energiewende in Deutschland.

Jedoch haben sich die Kompetenzen von RWE, ab dem Jahr 2016 auch mit Innogy und die Kompetenzen von E.ON nicht ergänzt, vielmehr sind RWE und E.ON in der Vergangenheit im Wettbewerb zueinandergestanden. Das hat sich geändert.
Erst im Jahr 2018, nachdem RWE und E.ON eine sehr umfangreiche, inhaltliche Abstimmung der unternehmerischen Ziele vereinbart hatten, konnte mit dem Wechsel für die beiden Unternehmen eine Basis entstehen, mit der RWE und E.ON einander ergänzen:

+   RWE hatte bis zum September 2019 seine Innogy-Anteile vollständig an E.ON übertragen,
+   RWE hatte dafür das gesamte Geschäft mit den erneuerbaren Energien erhalten sowohl von E.ON, wie auch von Innogy,
+   so dass RWE die Energieerzeugung verfolgt incl. der erneuerbaren Energien,
+   so dass E.ON die Netze betreibt.

RWE und E.ON sind mit dieser Entwicklung einen wichtigen Schritt gegangen, damit diese zukunftsfähigen Strukturen entstehen konnten.

Power-to-Gas und auch die Methanisierung sind nicht nur für global agierende Energieversorgungsunternehmen wie RWE und E.ON in die Liste der Potenziale gerückt, um die Versorgungssicherheit des elektrischen Stroms, des Gases und der Wärme in der Zukunft vorzuhalten.

Sowohl für die regenerativ erzeugten elektrischen Überkapazitäten, als auch für den Energietransport, sowie für die Bereitstellung der Energie vor Ort sind die Energiespeicher unbestritten eine notwendige Komponente einer zukunftsfähigen Energieinfrastruktur. Kurzzeitspeicher und Langzeitspeicher ergänzen einander und ermöglichen in einer zukunftsfähigen Energieinfrastruktur die Energiever-sorgungssicherheit.

Das virtuelle Kraftwerk, Smart Meter, Minigrid, Power-to-X sind heute keine fremd wirkenden Begrifflichkeiten mehr.

Die Windenergieanlagen, die Windstrom-Elektrolyse, die Sonnenenergie und die Wärme erzeugenden Solarmodule haben in den letzten Jahren zunehmend an Bedeutung gewonnen.

In der Vergangenheit hatten sich die Energieversorgungsunternehmen noch schwer getan mit konkreten Aussagen in dem Betreff Energiewende.
Den Anfragen an die Energieversorgungsunternehmen in dem Betreff konkreter Impulse, in dem Betreff der aktuellen Zielvereinbarungen, hatten in der Vergangenheit in einen konstruktiven Dialog geführt mit RWE und auch mit E.ON.
Unterstützt haben die Energieversorgungsunternehmen im Potenzialraster der Energiewende gerne, wenn auch die Kommunen und Regionen die Projekte begleitet haben.

Dass der Erfolg der Energiewende auch gekoppelt sein wird an der Energieeffizienz, ist kein Geheimnis gewesen. Wie sehr im Zeitalter der Digitalisierung die Energieeffizienz immer mehr Einfluss genommen hat auf unseren Alltag mit den Anwendungen der Energieformen Wärme, elektrischer Strom und Gas, zeigen auch die zahlreichen Entwicklungen der Energiesysteme.
Ein geschickter Einsatz von intelligenten Informations- und Kommunikationstechnologien, ist wichtig geworden für die moderne Energieversorgung, ist wichtig geworden für das Erreichen einer zukunftsfähigen Energieinfrastruktur.

Nicht nur die jungen Generationen beschäftigen sich intensiv mit der Energiewende.

Das zeigt sich auch in den Fragen der Menschen aller Altersgruppen z.B. im Verlauf der Messen:
+	Getrieben von der Neugier,
+	bis hin zu den beruflichen Zukunftsperspektiven,
+	bis hin zu Fragen der Reichweite aktueller Energieträger,
+	bis hin zu den zu erwartenden Kostenentwicklungen für die Energie,
sind die Fragen geprägt von Verunsicherung und von großem Interesse zugleich.

Die Energiespeicher sind die unverzichtbaren, wie auch die tragenden Komponenten in einer zukunftsfähigen Energieinfrastruktur.

Die Speicherung von elektrischem Strom ist langfristig ein wesentlicher Baustein für das Gelingen der Energiewende. Die Stromnetze würden noch stärker belastet mit dem zunehmenden Ausbau der regenerativen Energieerzeugung; vor diesem Hintergrund wird die fluktuierende Energieerzeugung an windreichen Tagen im Sommer und an windarmen Tagen im Winter noch stärker ausfallen.
Die kurzfristige Lösung:
Die Speicher für den elektrischen Strom ergänzen einander zunehmend mit der konventionellen Energieerzeugung durch die intelligenten Netze.
Die langfristige Lösung:
Die Speicher für den elektrischen Strom sind miteinander vernetzt in Maschen, welche in Summe das virtuelle Kraftwerk realisieren.

40

Sowohl die globalen Herausforderungen, wie auch die lokalen Herausforderungen sind in der Summe die treibende Kraft der Energiewende. Das Jahr 2022 ist mit dem Überfall Russlands auf die Ukraine und mit dem Beginn der daraus resultierenden Krise der Auslöser dafür, dass die bereits formulierten Ziele der Energiewende noch deutlich ehrgeiziger angestrebt werden.

Die Veröffentlichungen und die Analysen in dem Betreff Energieträger Wasserstoff zeigen, dass mit den Anwendungen der auf dem Wasserstoff basierenden Energiekonzepte, das Treibhausgasreduktionsziel der Bundesregierung für das Jahr 2030 in Höhe von 55 % gegenüber 1990 erreichbar ist.

Mit den Wirtschaftlichkeitsanalysen wird deutlich, dass auch das Vergleichskostenniveau im Kraftstoffsektor eine Wasserstoffnutzung in dem mobilen Bereich favorisiert.
Um die gesteckten Ziele der Minderung der Treibhausgase und die Umstellung auf erneuerbare Energien bis zum Jahr 2050 zu erreichen, sind jedoch erhebliche Investitionen in die Infrastruktur erforderlich, wobei die zu erwartenden Folgekosten einer voranschreitenden Klimaerwärmung deutlich höher ausfallen werden.

Die allgemein anerkannten Treiber der sich weltweit wandelnden Energietechnologien sind der Klimawandel, die lokalen Emissionen, die Energieversorgungssicherheit sowie die industrielle Wettbewerbsfähigkeit; die Relevanz variiert je nach dem betrachteten Land.

Mit dem durch eine Naturkatastrophe ausgelösten Kernkraftwerksunfall in Fukushima haben sich mehrere Länder von der Kernkraft abgewandt. Ein Hauptgrund lag sicherlich auch in dem Erkennen, dass, wenn ein in der Kernkraft weltweit führendes Land wie Japan einen Gau nicht verhindern kann, dass dann auch die anderen Länder ein unkalkulierbares Risiko haben durch die Energie-erzeugung mit der Kernkraft.
Hinzu kommt das große Problem der sicheren Lagerung ausgedienter Brennstäbe aus den Kernkraftwerken, hinzu kommen die enormen Ewigkeitskosten der Lagerstätten.

In Deutschland hatte dieses Ereignis zu einem breiten politischen Konsens aller Parteien geführt gegen die weitere Kernkraftnutzung. Gleichzeitig sollen jedoch die Emissionen von Treibhausgasen stark reduziert werden.
Die seitens der Deutschen Bundesregierung erklärte Verpflichtung zur Minderung der Treibhausgasemissionen um 80 % bis 95 % bis zum Jahr 2050 gegenüber dem Bezugsjahr 1990, ist ein sehr ehrgeiziges Ziel und ist vielleicht auch nicht vollständig erreichbar mit dem Blick auf den Zeitpunkt. Jedoch ist bereits der global boomende Job-Motor entstanden; auch mit dem deutschen Technologie-Know-how und mit dem deutschen Infrastruktur-Know-how. Für das Jahr 2030 beträgt das Reduktionsziel 55 % gegenüber dem Bezugsjahr 1990. Damit stehen die Energiewirtschaft und die Energietechnologien global, in Folge auch lokal, vor Herausforderungen, die auch zusammenhängen mit einer angestrebten Reduktion von Umwelteinwirkungen und mit den wirtschaftspolitischen Zielsetzungen.

Mit den wirtschaftspolitischen Zielsetzungen werden von der Bundesregierung die erneuerbaren Energien, die Elektromobilität, die Kraft-Wärme-Kopplung und auch die zukunftsfähigen Energietechnologien gefördert.

Der Weg der Energiewende ist nicht nur der Weg weg von den stoffgebundenen, fossilen Energieträgern, gebunden in der Kohle, gebunden in dem Erdöl und in dem Erdgas, hin zu den regenerativ erzeugten Energien, der Weg der Energiewende ist auch der Weg von der Netzzentralität mit den Kraftwerken hin zu den miteinander gekoppelten dezentralen Energieerzeugungen.

Die Brückentechnologien erfahren eine Optimierung an den technischen Tangenten, wozu sicherlich auch die Entwicklung effizienterer, zentraler Kraftwerke gehört, wozu sicherlich auch die Optimierung der Gase-Infrastruktur gehört.
+ Die Zukunftstechnologien erfahren eine System-Integration an den technischen Tangenten der Energiewende,
+ Die Digitalisierung koppelt die dezentralen Energieerzeugungen mit dem Ziel der "virtuellen Kraftwerke",
+ die Gase-Infrastruktur transportiert entstandene Produktgase und unterstützt z.B. Power-to-Gas und die Methanisierung.

Mit dem Bezug auf die genannte Forderung der Bundesregierung nach reduzierten Treibhausgas-Emissionen spielen die erneuerbaren Energien und die Elektromobilität eine herausragende Rolle zur Erreichung der ehrgeizigen Ziele.

Der weitere Ausbau erneuerbarer Energien wird in diesem Zusammenhang sehr intensiv begleitet von der EU, sowie von den Bundes- und von den Landesministerien, wobei der Speicherung der elektrischen, regenerativ erzeugten Energie mit dem Wasserstoff eine wachsende Bedeutung zukommt aufgrund der fluktuierenden Einspeisungen des Wind- und des Solarstroms. Dabei immer mit dem Fokus, dass die regenerativ erzeugte elektrische Energie stets direkt genutzt wird und dass die Überkapazitäten, die elektrische Energie, welche die Stromnetze nicht aufnehmen können, mit dem Wasserstoff gespeichert wird für Zeiten, in denen weniger elektrische Energie regenerativ erzeugt werden kann. In Folge wird die direkte Nutzung des Wasserstoffs angestrebt.

Tatsächlich haben die Industriezweige bereits Nutzungspfade für den Wasserstoff entwickelt:
+ die Speicherung regenerativ erzeugter Überkapazitäten in dem Strommarkt,
+ als Kraftstoff für Fahrzeuge mit hocheffizienten Brennstoffzellenantrieben,
+ mit Power-to-Gas die Wasserstoffeinspeisung in vorhandene Erdgasnetze,
+ mit z.B. der Methanisierung die Entwicklung von neuen Energie-Produkten.

Die untersuchten Wasserstoffnutzungspfade zeigen, dass der Einsatz des Wasserstoffs in den Brennstoffzellen-Fahrzeuge die höchste CO_2-Emissionsreduktion bietet, da aufgrund des Technologiewechsels die Kraftstoffnutzung einerseits bei höherem Wirkungsgrad im Vergleich zu den Verbrennungsprozessen in den Benzin- und Diesel-Motoren stattfindet, da in dem Vergleich zur Erdgas-verbrennung andererseits in der mobilen Anwendung ein Kraftstoff mit deutlich höheren CO_2-Emissionen vermieden wird.

Maßgeblich für den Erfolg der Entwicklung von den zukunftsfähigen Antriebskonzepten ist, dass der Vergleich mit den Gebrauchseigenschaften aktueller, heutiger Fahrzeuge erkennbare Vorteile generiert.

Die Kriterien für die Akzeptanz der zukunftsfähigen mobilen Anwendungen sind:
+ die Reichweite,
+ die Betankungsdauer,
+ die Dynamik des Antriebs,
+ die technische Zuverlässigkeit,
+ die Erwerbskosten,
+ die Betriebskosten,
+ die Rekuperation.

Neu in der Gesamtbetrachtung der Mobilität ist das rekuperative Bremsen; nur mit der Elektromobilität wird die Energierückgewinnung durch den Bremsvorgang möglich, dies sowohl mit Batterie-Fahrzeugen, als auch mit Brennstoffzellen-Fahrzeugen.

Ein oft herangezogenes Ziel der Energiewende ist, dass:

+   die Windenergie mit ca. 80%,

+   die sonstigen erneuerbaren Energien mit ca. 10%,

+   die Gase-Produkte ebenfalls mit ca. 10% beitragen
        zu der gesamten Stromerzeugung in Deutschland,
        wobei:

+   ca. 65% des regenerativ erzeugten elektrischen
        Stroms direkt genutzt wird,

+   ca. 35% des regenerativ erzeugten elektrischen Stroms
        die Wasserstofferzeugung stützt. Die dabei erzeugte
        Wasserstoffmenge wäre zum Beispiel ausreichend
        für den Betrieb von ca. 28 Mio. Pkw.

Basierend auf der Grundlage der einander bestätigenden Berechnungsergebnisse durch die Forschungsarbeit und durch die Entwicklungsarbeit in Deutschland, wird eine wirtschaftliche Analyse des Energiekonzepts mit dem Einsatz des Energieträgers Wasserstoff möglich.
Entscheidend mit dem Blick auf die zu erwartenden Kosten für den Wasserstoff ist dabei auch die Frage, auf welchem Weg der Wasserstoff als Energiespeicher von dem Herstellungsort transportiert wird zu den Verbrauchern.
Der Wasserstofftransport kann sowohl flüssig, wie auch gasförmig erfolgen. Technisch ausgereift ist der Transport des Wasserstoffs in Pipelines oder per Lkw; das ist die aktuelle, industriell erfolgreiche Praxis. Für die Einbringung großer Mengen des Wasserstoffs in den Verkehrssektor ist langfristig der Transport von gasförmigem Wasserstoff über die Pipelines am wirtschaftlichsten.

Anregungen

Sie finden mit den von mir veröffentlichten Büchern, aktuell, Stand heute mit 26 Büchern, ergänzende und auch sehr detaillierte Informationen in den Bereichen Energie, Klima, und Umwelt.
Ich veröffentliche die Bücher mit dem BoD Verlag und alle Bücher sind erhältlich bei allen Buchverlagen und auch bei den Online-Marktplätzen wie z.B. Amazon.

Bücher:
Links: DinA5, 120 Seiten, Begleitbuch = Wörterbuch + Sachbuch zugleich.
Rechts: DinA5, 260 Seiten, Hinter den Fassaden, Anspruch und Realität. Die Energiewende mit dem Wasserstoff.

Bücher:

Links: DinA5, 206 Seiten, Aha, so macht Zukunft Freude. Energiewende, Anspruch und Realität: erleben und (er)fahren. Kupferplatte BRD vs. Wasserstoff.
Rechts: DinA4, 192 Seiten, EEZ.HY.holistic = ganzheitliche Wasserstoff-Infrastruktur. Brücken- und Zukunftstechnologien, Resilienz, Kipppunkte, Rebound-Effekt uvm.
Unten: DinA5, 74 Seiten, EEZ Energie Energiewirtschaft Zukunftsenergien. Der schnelle Einstieg in die Energiewende mit dem Wasserstoff.

Bücher:

Links: DinA4, 80 Seiten, KLIMA.helfen.DE. Schwarm-Beiträge für das gemeinsame Vielfache, Detail-Beiträge für die Chancen und Möglichkeiten.

Rechts: DinA4, 68 Seiten, UMWELT.helfen.DE. Spannende Schwarm-Beiträge, ideenreiche Details, Wohlfühl-Oasen, Garten und Balkon.

Unten: DinA5, 126 Seiten, Patient Deutschland: ein Fall für die Psychiatrie? Nein! Die Handbremse, die Igelhaltung nach Corona lösen. Die Zurückhaltung der Menschen bis hin zur Hysterie mit Verschwörungstheorien in der Energiewende.

Bücher:

Links: DinA5, 94 Seiten, Die Energiewende: zuerst vielleicht paradox wirkend? ...
Die umfassende Klammer ... gegen den zunehmenden Klimawandel ...
Rechts: DinA5, 84 Seiten, Die Energiewende: die zahlreichen technischen Potenziale
an den Tangenten des Wasserstoffs im globalen Potenzialraster ... akt. Positionen.
Unten: DinA5, 66 Seiten, Der Job-Motor Energiewende. Die globale Ausgangslage.
Den sirenenhaften Gesängen widerstehen, die Aussichten.

Der Autor

Dieter Mende

Homepage:
www.eez-mende.de

Das Buch ist geschrieben mit dem Hintergrund des beruflichen Verlaufs sowohl in der Chemie, als auch in der Elektrotechnik; ergänzt mit dem Hintergrund des von mir selbst am 05.07.1995 gegründeten Energie-Dialogs EEZ Energie Energiewirtschaft Zukunftsenergien.

Die berufliche Basis ist weit gefächert. In beiden Fällen ist den Arbeitgebern der sehr erfolgreiche Energie-Dialog EEZ Energie Energiewirtschaft Zukunftsenergien aufgefallen, so dass daraus die Beschäftigungen entstanden sind.

Seit September 1997 in dem Projektbüro eines regionalen Energieversorgungsunternehmens, beauftragt mit der zentralen Leit- und Automatisierungstechnik für die Energiezentralen. Im November 2019 erfolgte der Abteilungswechsel mit der Projektierung Netzbau elektrischer Strom.

Seit Februar 2003 zunächst beauftragt mit den Aufgaben zum Auf- und Ausbau des regionalen Wasserstoff-Nukleus h2herten, anschließend beauftragt mit den Aufgaben der Projekt- und Unternehmens-Akquise, der Netzwerkarbeit, der Marktkommunikation, in dem Team des Wasserstoff-Anwenderzentrums h2herten.

Mein Antrieb zur Erstellung von Reporten und Büchern ist die Leidenschaft, für die Herausstellung der Chancen und der Möglichkeiten im Potenzialraster der Energiewende, mit dem Energieträger Wasserstoff; mein Antrieb der Ehrgeiz zum Auf- und Ausbau einer Wasserstoffinfrastruktur mit der Werbung branchenübergreifender Leistungsträger, mit der Identifizierung von zukunftsfähigen Beiträgen und den daraus entstehenden, einander ergänzenden Kompetenzen.

Den etablierten Unternehmen im Energiemarkt und deren anfänglichen Ablehnung gegenüber dem Energieträger Wasserstoff und dem Energiewandler Brennstoffzelle bin ich begegnet mit aussagekräftigen Ergebnissen der Potenzialanalysen, mit den Potenzialen der Sektoren-kopplung Power-to-X, der Identifizierung von Alleinstellungs-merkmalen und mit den komplexen Projektanstößen vielschichtiger Interessen aller Beteiligten.
Mit dem Durchhaltevermögen und mit Geduld konnten auch anfängliche Skeptiker des Energieträgers Wasserstoff und des Energiewandlers Brennstoffzelle erfolgreich geworben werden in eine einander ergänzende und zukunftsfähige Infrastruktur in der Energiewende. Mitgewirkt habe ich erfolgreich bei der Mitgliederakquise zur Gründung eines Beirats für h2herten, aus welchem durch die Erweiterung im Jahr 2008 der Beirat für das h2-netzwerk-ruhr hervor-gegangen ist.